"신사 숙녀 여러분, 안녕하십니까?
최고의 물질 선발 대회에 참석해 주셔서 감사합니다.
오늘은 고체, 액체, 기체가 자신의 모습을 뽐낸다고 하는데요.
자, 어디 한번 볼까요?"

주변을 살펴보세요.
얼음, 침대, 가방, 장난감, 멋진 자동차까지
모두 저, 고체랍니다.
제가 최고죠?"

"모양도 바꾸지 못하면서 최고라니!
전 참가번호 2번 액체예요.
우리 액체들은 아주 놀라운 능력을 갖추고 있답니다.
바로 담는 그릇에 따라 모양을 바꿀 수 있다는 거예요.
여러분이 컵에 담아 마시는 것들이 모두 액체지요.
물, 우유, 주스, 달콤한 코코아까지
어때요? 액체 멋지지 않나요?"

"반갑습니다, 참가 번호 3번 기체입니다.
제가 눈에 잘 보이지 않는다고요?
맞아요. 기체는 눈에 보이지 않고, 만질 수도 없어요.

물이 끓을 때 나오는 수증기,
여러분이 숨을 쉴 때 마시는 공기가
바로 저, 기체랍니다."

"내가 가장 멋져!" 고체가 뽐내며 말했어요.
"멋지긴, 흥!" 액체가 비웃으며 말했어요.
"뭐라고?" 기체가 물었어요.
고체, 액체, 기체는 서로 자기가 가장 멋있다고 다투기 시작했어요.

"고체, 액체, 기체는 모두
사이좋은 친구 아닌가요?"
사회자가 싸움을 말리며 물었어요.

"우리가 친구라고요?"
고체, 액체, 기체가 깜짝 놀라 물었어요.

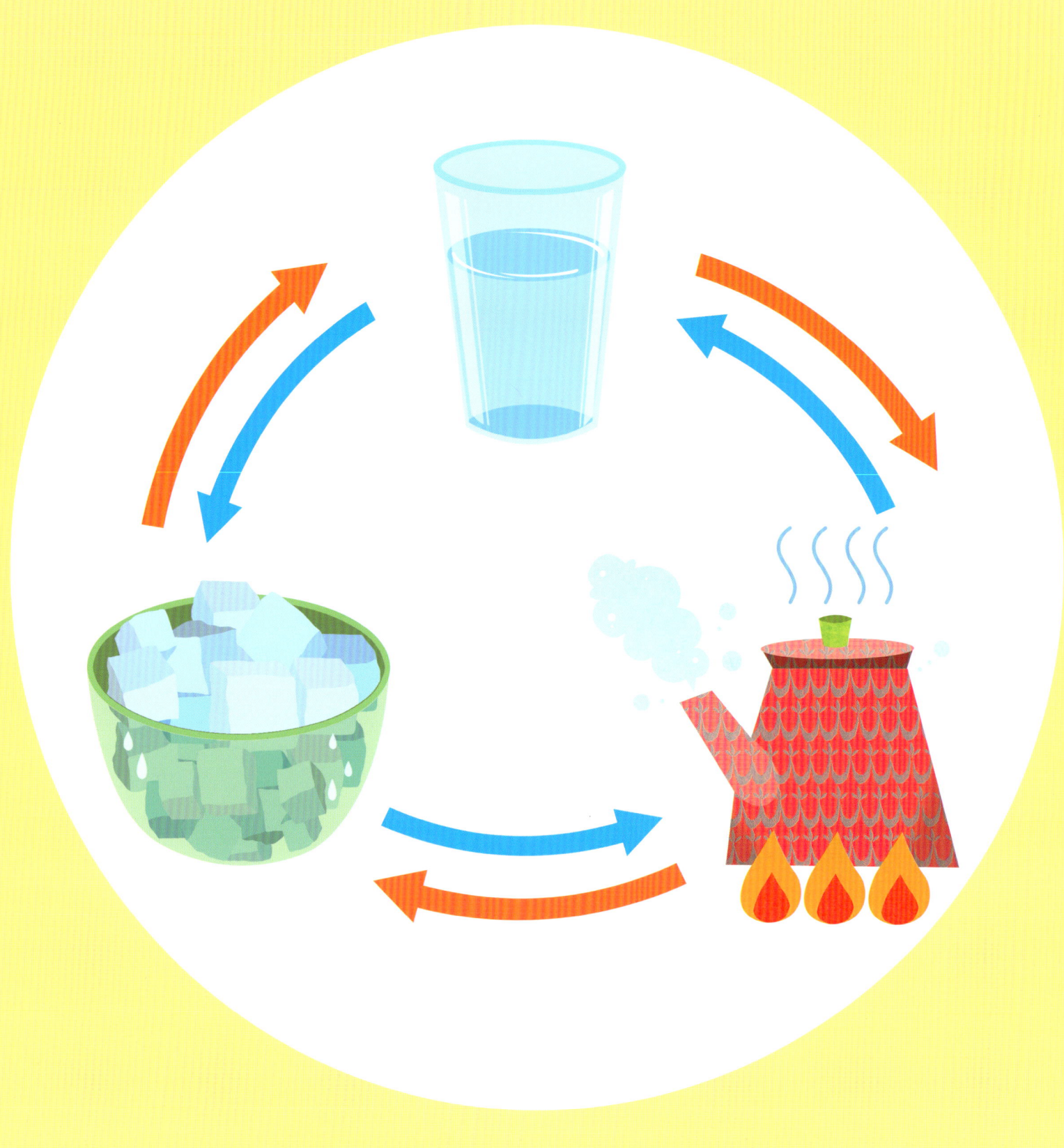

"네, 고체인 얼음에 열을 가하면 액체인 물이 되고,
물에 열을 가하면 기체인 수증기가 되잖아요?
그러니 친구 아닌가요?"

"아하, 맞아요."
고체, 액체, 기체가 대답했어요.
"그러니 싸우지 말고 친하게 지내면 어떨까요?
모두 아주 신비롭고 멋진걸요."
사회자가 웃으며 말했어요.

"신사 숙녀 여러분의 생각은 어떻습니까?
셋 모두 멋지지 않나요? 멋지게 자기를 소개한
고체, 액체, 기체에게 박수 부탁합니다."
사회자의 칭찬에 세 친구는 어깨가 으쓱해졌답니다.

아하~ 그렇구나!

고드름
지붕 위의 눈이 녹아 흘러내리다가 다시 얼기를 반복해서 만들어져요.

눈
구름 속의 수증기와 물방울들이 얼면서 엉겨 붙어 땅으로 떨어져서 만들어져요.

서리
공기 중의 수증기가 차가운 땅의 겉면이나 낙엽 등에서 얼어 붙은 것이에요.

물 (액체)

- 마시는 물은 투명하고 흘러내리는 성질이 있는 '액체' 상태의 물이에요.
- 물은 담는 그릇에 따라 모양이 변하지만 양은 변하지 않아요.

예) 빗물, 수돗물, 수영장의 물 등

수증기 (기체)

- 물이 끓을 때에는 '기체' 상태인 물로 돼요.

예) 김, 증기 등

얼음 (고체)

- 얼음은 단단하여 모양과 크기가 변하지 않는 '고체' 상태의 물이에요.

예) 냉장고의 얼음, 이글루 등

호기심 누리과학 시리즈

누리과정 1. 호기심 가지기

4학년 2학기 4단원 화산과 지진
흔들흔들 지진
단어카드 1종, 화보 1종, 워크지 2종(1, 2 수준), 이야기나누기자료 1종, 지침서

6학년 1학기 1단원 지구와 달의 운동
빙글빙글 도는 지구
단어카드 1종, 화보 1종, 워크지 2종(1, 2 수준), 이야기나누기자료 1종, 지침서

5학년 2학기 1단원 날씨와 우리생활
구름은 어떻게 만들어지는 걸까?
단어카드 1종, 화보 1종, 워크지 2종(1, 2 수준), 이야기나누기자료 1종, 지침서

누리과정 2. 물체와 물질 알아보기

3학년 2학기 4단원 소리의 성질
소리가 떨려요
단어카드 1종, 화보 1종, 워크지 2종(1, 2 수준), 이야기나누기자료 1종, 지침서

6학년 2학기 4단원 연소와 소화
공기야 도와줘
단어카드 1종, 화보 1종, 워크지 2종(1, 2 수준), 이야기나누기자료 1종, 지침서

4학년 2학기 2단원 물의 상태 변화
우리는 삼총사
단어카드 1종, 화보 1종, 워크지 2종(1, 2 수준), 이야기나누기자료 1종, 지침서

누리과정 3. 생명체와 자연환경 알아보기

4학년 2학기 1단원 동물의 생활
나는 바다의 수영선수
단어카드 1종, 화보 1종, 워크지 2종(1, 2 수준), 이야기나누기자료 1종, 지침서

4학년 1학기 3단원 식물의 한살이
내 씨를 부탁해!
단어카드 1종, 화보 1종, 워크지 2종(1, 2 수준), 이야기나누기자료 1종, 지침서

3학년 1학기 3단원 동물의 한살이
겨울을 준비해요
단어카드 1종, 화보 1종, 워크지 2종(1, 2 수준), 이야기나누기자료 1종, 지침서